百角文库

探秘宇宙

月亮从哪里来

卞毓麟　著

中国少年儿童新闻出版总社
中国少年兒童出版社

北　京

图书在版编目（CIP）数据

月亮从哪里来 / 卞毓麟著 . -- 北京 : 中国少年儿童出版社 , 2024.1（2024.7重印）
（百角文库 . 探秘宇宙）
ISBN 978-7-5148-8413-5

Ⅰ . ①月… Ⅱ . ①卞… Ⅲ . ①宇宙 - 青少年读物 Ⅳ . ① P159-49

中国国家版本馆 CIP 数据核字 (2023) 第 254460 号

YUELIANG CONG NALI LAI
（百角文库）

出版发行：中国少年儿童新闻出版总社 中国少年儿童出版社

执行出版人：马兴民

丛书策划：马兴民　缪　惟　　美术编辑：徐经纬
丛书统筹：何强伟　李　橦　　装帧设计：徐经纬
责任编辑：张云兵　王智慧　　标识设计：曹　凝
责任校对：田荷彩　　封 面 图：杰米乔
插　　图：晓西插画工作室　　责任印务：厉　静

社　　址：北京市朝阳区建国门外大街丙 12 号　　邮政编码：100022
编 辑 部：010-57526268　　总 编 室：010-57526070
发 行 部：010-57526568　　官方网址：www. ccppg. cn

印刷：河北宝昌佳彩印刷有限公司

开本：787mm × 1130mm　1/32　　印张：3
版次：2024 年 1 月第 1 版　　印次：2024 年 7 月第 2 次印刷
字数：35 千字　　印数：5001-11000 册

ISBN 978-7-5148-8413-5　　定价：12.00 元

图书出版质量投诉电话：010-57526069　　电子邮箱：cbzlts@ccppg.com.cn

序

提供高品质的读物，服务中国少年儿童健康成长，始终是中国少年儿童出版社牢牢坚守的初心使命。当前，少年儿童的阅读环境和条件发生了重大变化。新中国成立以来，很长一个时期所存在的少年儿童“没书看”“有钱买不到书”的矛盾已经彻底解决，作为出版的重要细分领域，少儿出版的种类、数量、质量得到了极大提升，每年以万计数的出版物令人目不暇接。中少人一直在思考，如何帮助少年儿童解决有限课外阅读时间里的选择烦恼？能否打造出一套对少年儿童健康成长具有基础性价值的书系？基于此，“百角文库”应运而生。

多角度，是“百角文库”的基本定位。习近平总书记在北京育英学校考察时指出，教育的根本任务是立德树人，培养德智体美劳全面发展的社会主义建设者和接班人，并强调，学生的理想信念、道德品质、知识智力、身体和心理素质等各方面的培养缺一不可。这套丛书从100种起步，涵盖文学、科普、历史、人文等内容，涉及少年儿童健康成长的全部关键领域。面向未来，这个书系还是开放的，将根据读者需求不断丰富完善内容结构。在文本的选择上，我们充分挖掘社内“沉睡的”“高品质的”“经过读者检验的”出版资源，保证权威性、准确性，力争高水平的出版呈现。

通识读本，是“百角文库”的主打方向。相对前沿领域，一些应知应会知识，以及建立在这个基础上的基本素养，在少年儿童成长的过程中仍然具有不可或缺的价值。这套丛书根据少年儿童的阅读习惯、认知特点、接受方式等，通俗化地讲述相关知识，不以培养“小专家”“小行家”为出版追求，而是把激发少年儿童的兴趣、养成正确的思考方法作为重要目标。《畅游数学花园》《有趣的动物语言》《好大的地球》《看得懂的宇宙》……从这些图书的名字中，我们可以直接感受到这套丛书的表达主旨。我想，无论是做人、做事、做学问，这套书都会为少年儿童的成长打下坚实的底色。

中少人还有一个梦——让中国大地上每个少年儿童都能读得上、读得起优质的图书。所以，在当前激烈的市场环境下，我们依然坚持低价位。

衷心祝愿“百角文库”得到少年儿童的喜爱，成为案头必备书，也热切期盼将来会有越来越多的人说“我是读着‘百角文库’长大的”。

是为序。

马兴民

2023 年 12 月

目　录

宏伟的巨石阵

人类的历史已经有好几百万年了。在这漫长的岁月中，我们的祖先留下了无数的史前遗迹。科学家们发现，在这些遗迹中，有的可能和萌芽中的天文学有关。用考古学和天文学的方法对这些遗迹或遗物进行详尽的研究，称为“考古天文学”，而这正是从对“巨石阵”的考察开始的。

在英国南部的索尔兹伯里平原上，有一群排列得相当整齐的巨大石块。它的主体部分是一根根排成一大圈的巨型石柱，每根石柱大约高 4 米，宽 2 米，厚 1 米，重约 25 吨。其中最重的两根约重 50 吨。在不少石柱的顶端，还横架起一些石梁，构成拱门的模样。估计这群石柱至今已有 4000 多年的历史，它就是著名的巨石阵。

巨石阵位于平原地带，那里并没有天然的巨大石块。建造这一石阵的砂岩或青石，要到几百千米以外的威尔士山区去采集。即使在今天，要完成这样的运输任务也是非常艰难的。而且，古人把那么多的石柱搬到现场后，还得把它们稳稳当当地竖立起来，再把石柱顶端的石块放平摆正。人们认为，巨石阵的各个部分

是在不同的时代分期分批完成的，前后延续了好几百年。想到一代又一代人百折不挠地为此付出的汗水心血，真是令人肃然起敬。可是，这巨石阵究竟有什么用呢？

我们知道，一年之中太阳从正东方升起、到正西方落下的日子只有两天，那就是春分(3月20日或21日)和秋分(9月22日或23日)。在这两天，白昼和黑夜的长度相等，各为12小时。一年中还有一天，北半球的白昼最长黑夜最短，那就是夏至(6月21日或22日)；相反，北半球白昼最短黑夜最长的那一天则称为冬至（12月21日或22日)。这些特殊的日期，在天文学上统称为“节气”。一年之中

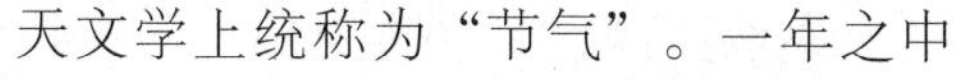

的重要节气，除了春分、夏至、秋分、冬至外，还有立春(2月4日或5日)、立夏(5月5日或6日)、立秋(8月7日或8日)、立冬(11月7日或8日)等。

早在18世纪，就有人注意到，巨石阵的主轴线正好指向夏至那天日出的方位；巨石阵中现在标记为第93号和第94号的两根石柱的连线，正好指着冬至那天日落的方向。20世纪初，英国天文学家洛克耶进一步指出：如果站在巨石阵的中央观察，那么第91号石柱正好指向立春和立冬这两天日出的位置；第93号石柱则正好指向立夏和立秋这两天日落的位置。所以，洛克耶认为，早在建造巨石阵的时代，人们已经在一年中定出上面提到的八个节气了。洛克耶的研究工作激起了其他天文学家和考古学家的浓厚兴趣。科学家们猜想，巨石阵可能是远古时代人们为观测天文现象而建造的。也就是说，它可能是一座极其古老的天文台。

20 世纪 60 年代初，又有一位名叫纽汉的学者宣称，他找到了指向春分和秋分那两天日出方位的标志。他还指出：第 91、92、93、94 号石柱构成了一个矩形，矩形的长边正好指向月亮的最南升起点和最北下落点。

差不多与纽汉同时，英国天文学家霍金斯利用电子计算机进行了大量的计算分析，又发现了指示太阳、月亮出没方位的许多新标志。他认为，巨石阵确实是古人为观测太阳和月亮而专门建造的。

更有趣的是，17 世纪有一位名叫奥布里的学者，发现在巨石阵的外圈有 56 个坑穴排列成一个巨大的圆圈。后来，人们就称它们为“奥布里坑”或“奥布里圈”。每个坑的直径大约有 1 米。坑里曾发现不少人的头骨、骨灰、骨针等，还发现过一些生活用品。霍金斯认为，古人曾用这些坑穴来预告月食。

著名英国天文学家霍伊尔甚至认为，还可以用巨石阵来预告日食。但与此同时，他又提出了一些值得深思的问题。例如，巨石阵如果真是古代的天文遗址，那些石柱真是用来观测太阳、月亮的仪器，那么古人为什么不用既轻便、又容易从当地取得的木材和泥土来建造这座“天文台”，而要到几百千米以外去搬来这些极其笨重的大石柱呢？

人们对巨石阵有着许多争论。就拿奥布里坑来说，上面提到的霍金斯等人认为它们具有很深奥的天文含义，反对者却认为它们和天文根本毫不相关。在奥布里坑中，找不到任何与天文有关的物品。坑内的骨灰、火石等东西，似乎表明它们和某种宗教仪式或墓葬活动有关。

把巨石阵看作宗教活动场所确实也是有道理的。在原始社会，人们往往把太阳、月亮或其他一些自然现象当作至高无上的神灵。部族首领出于对这些神灵的敬畏，驱使族众从事繁重的劳动，建立供奉神灵的庙宇和场所，并在那里进行各种宗教活动。巨石阵有可能就是这样诞生的。与此相反，要是仅仅为了建造一座天文台，就动用如此巨大的人力和物力，那似乎倒是难以想象的。

还有一种可能性，那就是：巨石阵既是宗教活动场所，又是墓葬场所，同时还起着天文台的作用。在我国发掘的不少古墓中，也都发现了古代的星图。可见古代墓葬场所往往和天文有关。今天人们依然对巨石阵议论纷纷，你觉得哪一种说法更有道理呢？

通古斯事件之谜

在俄罗斯西伯利亚的中部，有一条通古斯河。1908 年 6 月 30 日早晨 7 时左右，在它的上游地带突然有一团比太阳还亮的“天火”，拖着宽大的尾巴从东南方向飞来，留下一条长约 800 千米的浓浓的光迹。人们被惊得目瞪口呆。霎时间，随着惊天动地的一声巨响，“天火”在通古斯河谷中瓦纳瓦拉镇以北数十千米的密林中猝然爆炸。火柱冲天而起，一团蘑菇状的滚滚浓烟向上直冲到 20 千米的高空，远在 450 千米以外都能看见。

这场爆炸产生的强劲热浪，将 60 千米开外的一位农民冲击得失去了知觉。他回忆自己醒来后，只觉得天昏地暗，仿佛世界末日已经来临。160 千米外有一位工人正在河边干活，突然被热浪冲入河中，却弄不清究竟是怎样落水的。400 千米外，暴风卷走了楼房的顶层，推倒了墙壁。800 千米外，一列从伊尔库茨克开出的列车突然发生颠簸，架上的行李纷纷掉落。1000 千米范围内，人们都听到了从未体验过的轰然巨响和延续了好久的隆隆回声。

爆炸在大气层中形成的冲击波，迅速地传向四面八方。1 小时后，970 千米外的伊尔库茨克就检测到了这种大气震颤。4 个多小时后，5000 千米外的德国城市波茨坦也已经检测到。此后，在大西洋彼岸的美国首都华盛顿也检测到了。强烈的冲击波还毁掉了大片森林。它是有史以来人类目击的最强大的爆炸。据估计，它释放的能量相当于 1000 万 ~ 1500 万吨 TNT 炸药，比第二次世界大战时美军在日本广岛投下的那颗原子弹释放的能量还要大 1000 倍左右！

这次爆炸引发了一场不寻常的地震。伊尔库茨克和圣彼得堡的地震测量站都记录到了这次地震。对这些记录的分析表明，地震的震中恰好与爆炸地点吻合，位于北纬 60° 55′，东经 101° 57′，并确定了发生爆炸的准确时间是当地时间上午 7 时 14 分，相当于北京时间 8 时 14 分。

这就是震惊世界的“通古斯事件”。由于这次事件发生在人迹罕至的西伯利亚，当时并未引起沙皇政府的重视。直到 1927 年，才有一位名叫列昂尼德·库利克的矿物学家和陨石学家，率领苏联科学院的一支探险队，首次进入爆炸区进行考察。根据各方面的情况判断，库利克认为这很可能是一次巨大的火流星陨落事件，因此他期望能找到一个大陨石坑和许多陨石碎块。他的探险队艰难地考察了 100 多平方千米范围内的原始森林，发现所有的树木都像木排一样齐齐折断、倒伏了，倒伏的树干全都指向中心区。树枝全被烧焦，树干也被烧蚀了 1～2 厘米。森林倒伏的面积总共约 2000 平方千米。令人奇怪的是，库利克并未找到陨石坑，陨石碎片也毫无踪影。

此后，库利克又于 1928 年、1929 年和 1937 年先后三次率领考察队前往通古斯调查，依然未能揭开“天火之谜”。1940 年，苏联科学院批准了第五次通古斯考察，但由于第二次世界大战，考察队未能成行。库利克本人在前线参加战斗，由于腿部受伤，被德军俘虏。后来他得了伤寒，于 1942 年 4 月 14 日逝世，终年 59 岁。

第二次世界大战以后，人们再度关注通古斯事件的真相。1960 年，苏联科学院陨石委员会发表的关于通古斯事件的报告，代表了当时苏联科学家们对这一事件的倾向性看法：“1908 年 6 月 30 日早晨，一个不太大的彗星核以每秒 40 ~ 60 千米的速度冲入地球大气层，与浓密的大气猛烈摩擦，产生高温。不过几秒钟，彗核变成火球，在几千米的高空爆炸，由此产生的冲击波把方圆 2000 平方千米的树推倒，使 1500 头驯鹿丧生。”

1961 年，苏联科学院派出由弗洛伦斯基领导的第六次考察队，在通古斯一直勘察到

1962 年。1991 年底对通古斯的第七次考察，是由一支意大利考察队进行的。1998 年是“通古斯事件”90 周年，俄罗斯组织了一次国际会议，会后科学家们还进行了实地考察。1999 年，第八次通古斯考察队，仍是意大利通古斯考察队，第二次前往进行勘测。科学家们为了揭开通古斯事件之谜，真可以说是历尽艰辛、百折不挠啊。

另一方面，出乎人们意料的是，在此过程中，苏联著名作家卡赞采夫却写了一部科幻小说，把这次事件描述成一艘来自火星的核动力太空船企图在地球着陆，驾驶员在进入地球大气层时忽然死亡，这使核动力装置发生爆炸，

从而酿成了那场无与伦比的大火。作家绘声绘色的渲染使不少人信以为真，但这毕竟与真正的科学事实相违：火星上连低等的原始生命都很难存在，哪里还会有制造核动力太空船的智慧生物呢？更何况现场调查也找不到当地曾经遭受核辐射的任何证据。

另一位科幻作家阿尔特夫还提出一种更加新颖的假说。他认为“来自太空的特强激光射到了通古斯，激光的发射地则是天鹅座61星”。在恒星世界中，天鹅座61星是太阳的近邻。它离太阳11光年——光线从天鹅座61星到我们这里途中要走11年。阿尔特夫推测：1883年，印度尼西亚的喀拉喀托火山爆发时，发出的强光在11年后抵达天鹅座61星周围的某个行星。那里的居民以为这是地球人发去的联络信号，于是决定用激光向地球发出“回电”。

后来，这种强大的激光信号终于到达地球，但是却引起了爆炸——就在通古斯地区上空。

阿尔特夫的故事虽然吸引人，但是明显缺乏科学根据。其实，通过多次考察和长期研究，关于通古斯事件的起因，多数科学家们已经有了比较一致的看法：那是一位“不速之客”——某个小天体撞到地球上造成的。

这个小天体很可能是一颗石质的陨星。它的直径约 60 米，以每秒 25 千米的速度、与地面相交成 30°～35° 角飞进地球大气层。它因为与地球大气摩擦，温度迅速升高，并且在地面上空 8500 米处爆炸、碎裂、汽化，没有留下任何残骸。高温压缩的冲击波，在地面上冲撞出直径 90～200 米的爆炸坑，但坑中没有陨星碎片。这样一次陨星撞击的动能，正好与 1000 万吨 TNT 炸药爆炸的能量相当。

但是，这个小天体也有可能是一颗彗星。它的核心部分——彗核，直径约为60米，质量超过100万吨，以每秒30～40千米的速度冲入地球大气层。同样是因为与地球大气摩擦，彗核的温度迅速升高。但与陨星不同的是，彗核中包含着多种挥发性物质，它们在受热时很容易转化成气体。就是这些过热的气体，造成了破坏力极大的冲击波。所以，无论是库利克还是其他人，当然都不可能找到任何陨星残骸了。

那么，造成通古斯事件的“元凶”究竟是一颗陨星，还是一颗彗星呢？这是一个很棘手的问题，由于人们缺乏更直接的“物证”，所以目前的答案还是“不知道”。

月球上的大“瘤子”

1609年，意大利科学家伽利略发明了天文望远镜。他把望远镜指向月亮，发现在肉眼看来光洁如镜的明月其实有一个很粗糙的表面。伽利略看见了月亮上的山脉，看见了许多像火山口那样的“环形山”，还看见了一些相当大的暗斑块。他觉得这些斑块很像地球上的大海，就把它们称为“月海”。后来，天文学家知道了月海中其实并没有水。也就是说，它们其实并不是海，而是月亮上的平原。尽管如此，月海这个不太恰当的名字还是一直使用到了今天。

现在国际公认的月海一共有20多个，其中绝大多数在月球正面，也就是面向地球的那半个月球，月球背面只有很少的几个，还有4个在月球正面和背面交界的边缘地区。最大的月海名叫“风暴洋”，面积约有500万平方千米。

月海大多呈圆形或椭圆形，并且大多数被周围的山脉环绕封闭，但也有些月海彼此连成一串。月海的地势一般较低，很像地球上的盆地。通过仔细的观测表明，就像地球上的盆地中仍会有山峰那样，月海中其实也有许多大小不等的环形山。

月球是离地球最近的天体。1969年7月21日，美国的“阿波罗11号”宇宙飞船首次把两名宇航员送上了月球。这是人类有史以来第一次亲临地球以外的另一颗星球。所以，当年在月球上踩下人类第一个足迹的宇航员阿姆斯特朗曾满怀豪情地说：“对一个人来说，这只是一小步,但对人类来说,却是跨了一大步。”此后，至1972年，又有10名美国宇航员先后5次登上月球。

为了登上月球，科学家们做了大量周密的准备工作。1966年8月到1967年8月，美国国家宇航局先后向月球发射了5艘“月球轨道器”飞船。它们到达月球附近，成为环绕月球运行的人造卫星，对月球进行近距离的考察。奇怪的是，这些飞船在环绕月球飞行时，一再发生出乎意料的抖动和偏斜，而且这种抖动和偏斜总是发生在飞船临近某些月海的时候。

这些“轨道器”离月球表面最近时也有40多千米，而月海又那么平坦，究竟是什么东西干扰了飞船的行动呢？科学家们经过仔细分析，断定飞船遭到的干扰和月海下面的物质有关。这些特殊的物质，密度比月球上普通物质的密度大，它们使月球局部地区的引力增强。因为这些物质好像是长在月球体内的一个个“瘤子”，所以科学家们给它们取了一个很风趣的名字：“月球质量瘤”或“月球重力瘤”，简称“月瘤”。

现在已经确定的月瘤有10多个，分别处于雨海、澄海、危海、酒海、湿海、东海等月海下面。这些“瘤子”大多数在月球正面，月球背面很少。月瘤的分布为什么会这样不对称，现在还是一个谜。

要想揭开月球质量瘤的秘密，就得弄清楚月海是怎样形成的。早在19世纪末，美国地质学家吉尔伯特就对面积仅次于风暴洋的第二大月海——雨海的形成提出了以下的看法：外来的巨大陨石撞到月球上，使月球内部的大量岩浆溢出，覆盖了大片的月面，撞碎的陨石物质和月球物质被抛向四周，于是形成环状的雨海。这次巨大的撞击被称为“雨海事件”。据科学家们推测，造成这一事件的陨石直径约为20千米。美国“阿波罗14号”飞船正好降落在雨海事件抛出的堆积物上。从那里采集的岩

石样品，几乎都有遭到过冲击和强烈受热的明显特征。这类理论就是月海形成的“外因论”。另一些科学家认为，月海是月球自身演化的产物，这就是月海形成的“内因论”。究竟哪一种主张正确，现在还不能完全肯定。

月瘤是怎样形成的？这也有外因和内因两种学说。内因说认为，月球内部的熔岩密度比月面高地岩石的密度大，由于某种原因，大量熔岩从月球内部流出，充填到低洼的月海中，聚集成了月瘤。另一方面，赞成外因论的科学家则认为，月海是外来大陨石或小天体撞击月面形成的。这些小天体的物质密度比原先的月球物质密度大，砸入月球体内就成了月瘤。也就是说，月瘤是外来天体的残块与月岩的混合物。

例如，英国天文学家朗库德曾提出：太阳

系刚形成不久时，月球也有过好几个绕着它转动的“小月亮”，每个小月亮的直径至少有30千米。到了大约40亿年以前，它们一个个相继落到了月球上，每个小月亮掉到月球上都会撞出大量岩石,使岩浆状的月壳内层暴露出来。以后它又逐渐凝结成坚硬的岩层，形成新的月海以及与月海共生的质量瘤。

虽然这些都还不是最终的答案，月海和月瘤的起源还需要进一步研究，人们却已经提出了又一个新问题：如果这种“小月亮”果真存

在的话，我们该怎样称呼它们呢？大家知道，行星（例如地球）环绕着恒星（例如太阳）转动，卫星（例如月球）又环绕着行星转动，那么环绕着卫星转动的天体又该叫什么呢？有人建议叫“从星”，“从”是跟从、随从的意思。我觉得这个名字挺不错的，你说呢？

月亮是从哪里来的

茫茫太空中，月亮是离地球最近的星球。它是一个球体，所以又叫月球。古人总是梦想到月球上去旅行，可是他们却不知道月球到地球有多远。后来，天文学家们想出许多巧妙的办法,越来越精确地测量了月球到地球的距离。现在我们知道：月球沿着椭圆形的轨道绕地球转动，它们之间的平均距离是384 400千米，接近地球赤道周长的10倍。

月球的平均直径约为3476千米，地球的

直径约为 12 756 千米。因此月球的直径是地球直径的 3/11，面积是地球的 1/14，体积则是地球的 1/49。月球每 27.3 天绕地球转一周，有趣的是，它自转一周所花的时间正好也是 27.3 天。这就使得月球始终以同一面对着地球，你在地球上永远也看不见另外那半面月球。月球上没有空气，没有液态水，是一个没有生命的死寂的世界。

也许你已经想过一个有趣的问题：“月亮生在何时？来自何方？”这个问题在天文学中称为“月球的起源”。虽然它的答案至今尚未揭晓，天文学家们却掌握了许多有关的线索。根据这些线索，100 多年来他们提出了好几种有关月球起源的学说：“分裂说”“俘获说”“同源说”，以及 20 世纪后期提出的第四种观点——“大碰撞说”。

“分裂说”是在19世纪末，由英国天文学家乔治·达尔文首先提出的。他认为太阳系刚形成的时候，地球和月球原是一个天体。当时地球的温度非常高，还没有凝结成固体；它自转很快，天长日久，就从赤道部分甩出了一大块物质，后来形成了月球。“分裂说”解释了月球的密度和化学组成为什么和地球的表

层相似，那是因为它们本来就是连成一块的同样的一些物质。“分裂说”也解释了由花岗岩构成的大陆为什么不是连续地覆盖着地球的表面，那是因为有一大块陆地“飞”了出去——太平洋就是月球分裂出去后在地球上留下的“疤痕”。但是，如果月球真是从地球的赤道地区甩出去的，那么它绕地球公转的轨道平面就应该和地球的赤道平面几乎重合，但实际上这两个平面相交的角度却超过了5°。这种戏剧性的理论遭到的质疑很多，所以如今它的拥护者已经寥寥无几。

月球和地球有不少差异，例如月球物质的密度仅约为地球物质密度的3/5。这使人们猜想，也许在太阳系形成的初期，月球和地球就分别处在相距很远的不同地方。同时，月球物质的平均密度和小行星相当接近，这又使人想到它可能原来就是一颗小行星，在环绕太阳运行时一度靠近地球，被地球的引力俘获，成了地球的卫星。这就是“俘获说”。瑞典科学家阿尔文是这类学说的代表人物。他的看法是：月球原先与火星由同一块气体云收缩、凝聚而形成，并且在火星区域中运动，所以它们有很多共同之处。后来，因为受其他天体引力的影响，月球的运动轨道发生变化，闯入了地球的引力范围，被地球俘获，成为一颗卫星。再以后，它又通过吸引和碰撞，“吞

并”了地球附近的十来个更小的天体，从而形成了月瘤。

“同源说”认为月球与地球有着共同的起源。地球和月球的大小差异不算太大，而且，迄今所知的小行星又无一例外都比月球小得多。所以，像地球这样一颗并不很大的行星，要俘获像月球那么大的“小行星”，可能性是相当小的。许多天文学家考虑到这一点，认为“俘获说”难以成立。他们认为，在太阳系形成之初，地球和月球由同一块尘埃—气体云凝聚而成。云中的金属成分在整个行星形成以前，已经先凝聚成团。地球形成时，一开始就以大团的铁作为核心，它的外围吸引了许多密度较小的岩石物质，所以平均密度较大。月球的形成比地球稍晚，它由地球周围残余的非金属物质聚集而成，所以密度较小。

“分裂说”“俘获说”和“同源说”各有合理的地方，但又各有难以阐明的问题。20世纪后期出现了关于月球起源的第四类学说——“大碰撞说”。这类学说认为：地球刚刚形成的时候，有一个质量和火星差不多的天体同它斜着相撞，这使得地球和那个撞击天体各有许多物质被撞碎并被抛入空中。撞击造成的高温又使这些碎块熔化、蒸发，结果一部分物质渐渐消散在太空中，一部分物质逐渐落回地面，还有一部分物质留在地球附近，后来逐渐冷却并凝聚起来，最后变成了月球。那个外来天体与地球撞击后逐渐离去，如今已不知所终。同时，它也依仗自己的引力，带走了一部分撞击碎块。

“大碰撞说”和“分裂说”看起来好像差不多，其实有很大的差别。因为科学家已经查明，地球的自转并不能快得使大块的物质分离出去，所以“分裂说”是站不住脚的。另一方面，在太阳系刚形成的时候，大大小小的固态天体是很多的，它们被称为“星子”。在频繁的互相碰撞中，有些星子粉碎了，有些则逐渐合并长大，最后变成了行星。地球刚形成时，周围还有不少残余的星子，它们和地球冲撞的可能性比较大。因此，美丽的月球也许真是那次可怕的大碰撞留给我们的礼物呢。

科学研究是很复杂、很艰苦的。为了查明“月球从何而来”，一代又一代的科学家付出了大量的心血。但是，要确切地回答这个问题，人们要走的路恐怕还很长很长呢。

火星上有没有生命

1877 年，意大利天文学家斯基亚帕雷利通过望远镜发现：火星上似乎有许多相当直的暗线，把一些辽阔的暗区连了起来，就像海峡连通着大海。他用意大利语称这些暗线为 canali，意思是“水道”。不料，有人却把 canali 误译成了英语 canals，意思是“运河”。

“水道”可以是天然的，“运河”却必须由智慧生物开掘。于是有人想象，火星是一个古老的世界，那里已经进化出高度的智慧和文明。后来，火星渐渐干涸了。为了生存，“火星人”不得不竭尽全力修筑巨大的运河网，把水引过辽阔的沙漠而到达目的地。他们已经濒临灭亡，却决不屈服。请想想吧，这种情景是多么凄凉，又多么悲壮。

火星与地球有不少相似之处。例如，火星上的一天只比地球上的一天长40分钟。火星的四季变迁也与地球相同，只是火星到太阳的距离约为地球到太阳距离的1.5倍，所以火星上的每个季节都比地球上的相同季节寒冷。火星的半径约为3393千米，约为地球半径的53%。火星的南北极也像地球的南北极那样，覆盖着白色的“极冠”——它们或许也是冰。有冰就有水，那正是生命的源泉。后来人们还发现火星也有稀薄的大气。看来，火星真像一个小型的地球。地球是一个“生命乐园”，那么火星又怎样呢？

19 世纪末，有几位天文学家极力主张火星上存在智慧生物，其中最著名的是美国人洛厄尔。他在亚利桑那州干旱晴朗的沙漠地带建立了一座设备精良的私人天文台，在那里潜心研究火星长达 15 年之久。在洛厄尔绘制的火星详图上，运河多达 500 条以上。他觉得火星上亮区和暗区的季节性变化，似乎标志着农作物的盛衰枯荣。他以火星运河为题材写了好几本引人入胜的通俗读物，社会影响相当广泛，并

引发了一大批关于“火星人”的科学幻想小说。

但是，绝大多数天文学家不相信火星上真有运河。例如，以视力敏锐著称的美国天文学家巴纳德说，无论他用多么好的望远镜仔细地观测火星，都看不到任何运河。他认为那只是一种视觉错误：当人竭力注视远方那些肉眼难以分辨的物体时，常常会把许多不规则的小暗斑错连成一条条直线。1913 年，英国天文学家蒙德还做了一个实验：在圆内画一些不规则的模糊斑点，然后让一群小学生站到远处，使他们勉强能看到圆内有一些东西。他要求学生们画出所见的形象，结果他们画的是直线，模样就像早先人们画的火星运河图。

20 世纪中叶，空间时代的到来，为解决火星运河之争带来了新的契机。从 1964 年开始，美国发射了一系列“水手号”火星探测器。它们在火星近旁拍摄的大量照片明白无误地证明：那里既没有运河，也没有水。1976 年夏季，美国的“海盗 1 号”和“海盗 2 号”火星探测器（它们都由轨道器和着陆器组成）先后在火星上着陆。两个着陆点附近的景象大同小异，都是一片荒漠中点缀着大小各异的岩石。每个着陆器的尺寸仅约 1.5 米，却满载着整套精密的仪器。它们查明了火星土壤也和地球土壤一样，主要由硅酸盐组成，但是含铁量比地球土壤高得多，所以火星总是呈现出独特的红色。

着陆器在火星上做了三种基本原理各不相同的实验。总的说来，实验结果似乎表明那里不存在与地球上的生命相类似的东西。此外，着陆器还做了另一项实验，来检测火星土壤中的有机化合物——这是一切生命的基础。实验结果表明，至少在着陆点附近并不存在有机化合物。这样的话，火星上怎么会有生命呢?

可是，事情似乎并不那么简单。有一块名叫“艾伦山 84001”的陨石，是在地球南极大陆被发现的。它的成分与火星表面物质的成分很相似。据一些科学家分析，它可能就来自火星。1996 年 8 月初，美国国家宇航局宣布，在这块陨石中发现了一类名叫多环芳香烃的有机化合物，很可能是火星生命活动的产物。同时，在这块陨石中还找到了可能由细菌活动造成的磁铁矿痕迹。一些英国科学家研究了另一块陨石，也于同年 11 月宣布了类似的发现。

这些发现再次激起了人们探索火星生命的热情。但是，我们却不能轻率地认定它们已经证明了火星上也有生命。多环芳香烃和磁铁矿既可能由微生物活动造成，也有可能随着火星的形成和演化而自然产生。

1996 年年末，美国国家宇航局又发射了两个新的火星探测器：12 月 4 日发射的“火星探路者”，于 1997 年 7 月 4 日顺利地降落在火星的阿瑞斯平原上；11 月 7 日发射的“火星全球勘测者”，于 1997 年 9 月 12 日准时进入环绕火星的预定轨道，它最终调整为一颗距离火星表面 380 千米、绕过火星两极运行的人造卫星，用来研究火星地质、气象和演化史，拍摄高分辨率的照片，绘制火星表面地形图，为今后的火星着陆器提供尽可能详细的资料。“火星全球勘测者”一直工作到 2006 年 11 月 2 日，才与地球断绝了联系。

“火星探路者”携带一个名叫“索杰纳”的机器人，它身高 0.3 米，长 0.65 米，宽 0.48 米，体重 10.4 千克，装着 6 个轮子，外貌像一台微波炉。它行动谨慎稳健，每秒钟只移动 1 厘米。它的主要任务是在着陆点附近收集岩石和土壤样品，分析它们的化学成分。索杰纳的活动范围虽然有限，却是破天荒第一次，人造的机器行走在地球以外的另一颗行星上。

“火星探路者”传回的照片表明，阿瑞斯平原在远古时代曾发生过特大洪水。那里有洪流冲击堆积起来的鹅卵石，岩石上留有清晰的水痕。火星上发生过洪水，说明原先的火星要比今天温暖、湿润，这很适合生物生存。但是，科学家们目前还难以断定那些水后来究竟到哪里去了。

“火星探路者”和“火星全球勘测者”是一对搭档，好像陆军和空军的联合作战。美国发射的“火星极区着陆器”和“火星气候轨道器”也是这样一对搭档，可惜它们于1999年抵达火星后都失踪了。

进入 21 世纪后，在火星上寻找生命活动迹象的探索在继续进行。对于生命来说，水始终是不可缺少的东西。因此，人类更是把寻找火星上的水作为探测火星的首要目标。这方面的情况，我们将在后面的《追寻火星上的水》中详细介绍。

今后，人类还将派出更多更先进的火星车或机器人，到火星上广泛地漫游。它们将深深地钻进火星的土壤，或者到火星的极冠和峡谷中采集各种岩层的样品……从而使我们对火星的了解再上一个新台阶。最后，人类还将亲临火星实地考察。我们可以大胆地预言：彻底揭开火星生命之谜的时间，也许就在今后这几十年间。

探索火星生命需要消耗大量的人力、物力和财力，这究竟有什么意义呢？

这类探测的意义非常深远。例如，我们并不很清楚，人的大脑是如何工作的，人为什么会衰老，怎样防治各种疾病，等等，对这些问题了解得越透彻，人类的未来就会越美好。可是，理解生命现象却很不容易。地球上所有形式的生命，本质上都属于同一种类型。它们全部由同一些类型的分子、经历同一些类型的化学反应而形成。一个人、一朵花和一个细菌的分子，实质上差异都很小。地球上所有形式的生命都有共同的远祖，它们都是远房的堂兄弟、表姐妹。那么，要是在火星上发现了生命呢？

如果那里的生命形式与地球上的截然不同，那么人类所知的生命基本模式就从一变成二，我们对生命的普遍了解就会大大增加。如果组成火星生命的化

合物与组成地球生命的化合物并没有什么差异，那可能就意味着生命的基本模式就只有唯一的一种。这同样也是很大的收获。

但是，如果在火星上找不到任何形式的生命，那又怎么样呢？

首先，人们说不定恰好探测的是一些不毛之地。地球上不也有许多不毛之地吗？其次，很可能是由于我们假定火星生命的行为也和地球生命的行为一样，才导致搜索劳而无功。这又是很值得继续探讨的重要课题。再说，要是火星上当真不存在生命，人类的努力也不会白费。宇宙间普通化学元素的原子，在一定条件下就会形成简单的分子，然后又进一步形成通往生命之途中的种种越来越复杂的分子。火星上即使没能形成生命，也可能存在在走向生命之路上夭折了的某些分子。发现这些分子有助于弄清楚地球上形成生命以前的“化学演化”是什么模样。

再退一步讲，如果火星上不存在任何与生命有关的东西，人类对它的研究仍然是很有用的。火星和地球有那么多相似之处，结果地球上充满着生命，火星却与生命毫不相干。仔细研究造成这种差异的原因，将有助于更深刻地理解地球本身的生命。

人类为此付出了大量金钱，但是“买”到了知识。历史已经再三证明，知识乃是无价之宝，关键在于你如何聪明而理智地利用它。

追寻火星上的水

在《火星上有没有生命》一文中，我们介绍了美国在20世纪发射的多个火星探测器。其实，苏联/俄罗斯也曾多次发射火星探测器，可惜它们几乎全部失败了。日本于1998年7月发射的火星探测器“行星B”又称“希望号”，也于2003年12月9日正式宣告失败。

随着21世纪的到来，新一轮的火星探测热潮又开始了。“火星上究竟有没有生命”，依然是探测的焦点。水是生命必不可少的东西，

“追寻火星上的水”是新一轮探测的首要目标。

2001 年 4 月 7 日，美国的“火星奥德赛”轨道探测器发射成功。2003 年 6 月 2 日，欧洲空间局发射了“火星快车”，它由一个轨道飞行器和一个名叫“贝格尔 2 号”（又译“猎兔犬 2 号”）的着陆器组成。1831 年，22 岁的英国博物学家达尔文开始其历时 5 年的环球旅行时，乘坐的海军勘探船名叫“贝格尔号”（又译“猎兔犬号”）。“火星快车”的着陆器取名为“贝格尔 2 号”，意在发扬光大达尔文的事业，去探索更遥远的未知世界。可惜，2003 年 12 月，“火星快车”顺利进入环绕火星的轨道后，“贝格尔 2 号”却在着陆火星时失踪了。

2004 年 1 月 19 日，欧洲空间局公布了“火星快车”轨道飞行器发回的首批火星照片。照片是用三维立体照相机从距离火星表面 275 千米的空中拍摄的，精确度可达 12 米左右。“火星快车”进入预定轨道后拍摄的首张照片展示了火星“水手谷”的一部分，其地形极有可能是长期被流水侵蚀造成的。

就在“贝格尔 2 号”着陆器失踪后一个星期，2004 年 1 月 4 日，美国发射的“勇气号”探测器平安到达火星；美国的另一个探测器“机遇号”，也于 2004 年 1 月 25 日在火星上安全着陆。“勇气号”和“机遇号”这两个名字，是从美国中小学生提议的 1 万个名字中挑选出来的，提议者是一名当时年仅 9 岁的小学生。

“勇气号”和“机遇号”的外形和内部结构都完全相同，宛如一对双胞胎。它们各携带一辆六轮的火星车。这两辆火星车具有极精巧的构造和复杂的功能，可以像地质学家那样考察火星，从而荣获了“当今最聪明的机器人”之雅称。

这两辆火星车长1.6米，宽2.4米，高1.5米，体重174千克，比“火星探路者”携带的火星车“索杰纳”（见《火星上有没有生命》）大得多，其最快行进速度为每秒5厘米。同人体各部分的功能相比拟，可以说它具备了大脑、躯体、头颈、感官、手臂、轮腿、温控、能源以及通信九大“器官”。

火星车上功能相当于大脑和心脏的，是其电脑、电池和各种电子元器件。它们都在火星车的躯体部位，仿佛“大脑长在肚子上”。火星车的机动性能优良，其轮式结构具有强大的越障能力和平衡能力，当一侧车轮跨上岩石后，另一侧将会抬高，以保证车体始终处于平衡状态。

火星车的主摄像机离地面的高度为1.5米，因此它拍摄的景象与人亲自站在火星上看到的相仿。它获得的图像和数据，通过“火星奥德赛”轨道探测器的中继，源源不断地传回地球。其首批图像给人既熟悉又别开生面的感觉：岩石、凹地、小丘和台地……

“勇气号”和“机遇号”发现了许多迹象，表明火星上过去存在液态水。例如，2004年2月13日，“勇气号”拍摄到一块奇特的岩石，它被称为“咪咪”，具有往一侧倾斜的薄片状结构，非常可能是流水的作用所致。同年3月2日，美国国家宇航局特地在首都华盛顿举行新闻发布会，展示了“机遇号”拍摄的一张著名照片。照片上这块火星岩石的总体状况、层状结构和纹理细部，明显地表现出沉积岩的特征。这次火星探索任务的首席科学家斯蒂夫·斯

奎耶斯宣称：“这些岩石曾浸泡在水中。有确切的证据表明水对这些岩石的形成产生过影响。”

2004 年 12 月 13 日，美国国家宇航局喷气推进实验室宣布，“勇气号”在火星上哥伦比亚山的岩床中发现了针铁矿。针铁矿必须有水存在才会形成，因此发现针铁矿是火星上有水活动的有力证据。“机遇号”在火星的另一面发现了黄钾铁矾，也是火星上有水活动的重要佐证。

原本“勇气号”和“机遇号”预定的工作寿命仅为三个月。但实际上，“勇气号”直到2010年3月才同地球失去联系。“机遇号”的服役时间更长。2018年由于火星上发生大尘暴，“机遇号”于6月12日进入休眠状态，从此再未醒来。2019年2月13日，美国国家宇航局正式宣布:“机遇号”已经完成它的历史使命。

2005年8月12日，美国又发射了“火星勘测轨道飞行器”。它于2006年11月成为一颗运行在火星大气顶层的人造卫星。这项计划的主要目的是：利用照相机精确探测火星的地形地貌，为未来的探测器选择合适的着陆地点；利用分光计、气候探测仪等探测火星的气候特征，分析火星地表的矿物成分；作为未来各种火星探测飞船与地球通信联系的中继站，协助科学家构建“太空互联网”。同时，它还极有希望在火星上找到地下冰层，甚至找到液态水。

2007 年 8 月 4 日，美国国家宇航局的“凤凰号”火星着陆器发射升空。它于 2008 年 5 月 25 日在火星北极区着陆，在附近的高纬度地带，探索当地土壤和岩石中水的演变历史，兼顾监测火星极区的气候。

2011 年 11 月 25 日，美国国家宇航局发射了“火星科学实验室”，它携带的“好奇号”火星车宛如一辆火星上的越野车，又是一个可以长途旅行、能全天候工作的远程机器人。它比“勇气号”和“机遇号”装备了更多的先进科学仪器，为把火星样品送回地球铺平道路。

此后，又有多国或合作或单独发射火星探测器。2020 年 7 月，在十来天的时间里，有三个国家的火星探测器相继启程前往这颗红色的行星：阿联酋于7月20日发射“希望号”、中国于7月23日发射“天问一号”、美国于7月30日发射“毅力号”。

中国“探火”启幕，就亮出了令世人瞩目的“绕、落、巡”一步到位的决策。“天问一号”轨道器环绕火星运行，作为火星的人造卫星在空间执行探测任务。2021年5月15日，“天问一号”着陆器成功着陆在火星表面，成为一个多功能的固定工作平台。从着陆器驶出的“祝融号”火星车则可在一定范围内活动，实施既定的巡视计划：探测地表成分、物质类型分布、地质结构、火星气象环境……

越来越多的证据表明，火星上过去曾经有过大量的流水。但是，目前人们并未在火星上找到液态水。地球上的经验告诉我们，在较低的气压下，水的沸点也较低。如果气压足够低，沸点就会低到与凝固点相同。气压再低，就不会存在液态水了。火星上大部分地区气压很低，那里的水就会直接从冰升华为水蒸气；有些地方虽然气压稍高，但那里或者过于干燥，或者过于寒冷，这大概就是在火星表面未能找到液态水的原因。不过，在火星内部，地下深处的温度有可能升高到冰点之上。那里可能有大量的液态水形成的地下海洋。

按照比较乐观的估计，到21世纪30年代，载人火星探测将付诸实施。更长远的设想是在火星上逐步建立由小到大的“寓所”，它们宛如一个个登陆到火星表面的“空间站”：寓所外面是未经改造的火星环境，内部则是适宜栖居的人造空间。一批寓所组合起来，就形成了不同规模的“火星基地”。基地不断扩大，又成为各具特色的社区、村落、城镇……

倘若真能如此，那么火星作为人类未来可能的生活场所，其地下海洋的深远意义可真是不可估量啊。

小行星的来历

1801 年元旦之夜，天文学家们收到了一份特别珍贵的礼物：意大利天文学家皮亚齐发现了第一颗小行星。根据皮亚齐的建议，人们把它命名为“谷神星”。这位古罗马神话中的谷神是一位女性，她的名字叫“塞雷斯”，相传是西西里岛的保护神，而皮亚齐正是在西西里岛上进行天文观测并发现这颗小行星的。

小行星的个儿比普通的行星小得多。地球的直径是 12 756 千米，谷神星的直径却仅约

1000千米。月球的直径约为3476千米，它的体积是谷神星的42倍。可是论辈分呢，月亮还得叫谷神星“叔叔”，因为谷神星是直接环绕太阳转的，而月亮却只是绕着一颗行星——地球打转。

如果说发现谷神星为天文学家带来了喜悦的话，那么接二连三地发现更多的小行星却为天文学家带来了惊异：1802年人们发现了第二颗小行星——智神星，1804年发现了第三颗小行星——婚神星，1807年又发现了第四颗——灶神星……

小行星越来越多了，人们给它们一一编上号，并且取好名字。第1号小行星谷神星是最大的一颗（如今谷神星已被归入“矮行星”之列，见《给矮行星点名》）。第2号小行星智神星和第4号小行星灶神星的大小相近，直径都是500多千米。但是，绝大多数小行星都比它们小得多。许多小行星的直径只有1千米左右，甚至只有几百米，仿佛只是天空中的一些大石块。如今，正式编号命名的小行星已多到数以十万计。其中有不少是我国天文学家发现的，名字非常富有中国特色，如“北京”“上海”“台湾”等。

大多数小行星绕太阳公转的轨道都在火星与木星之间，它们形成了一个“小行星带”，到太阳的平均距离约为2.8天文单位（天文单位是天文学上的一种距离单位，即以地球到太阳的平均距离为一个天文单位。1天文单位约等于1.496亿千米）。也有些小行星绕太阳转动的轨道是个扁长的椭圆，因而有时会离太阳很近。例如，第1566号小行星“伊卡鲁斯”，直径1500米左右，只相当于地球上的一座小山。伊卡鲁斯本是希腊神话中的一个孩子，与父亲代达勒斯一同被囚禁在克里特岛的迷宫中。代达勒斯用鹰的羽毛、蜜蜡和麻线制成两对翅膀，和儿子每人装上一对，逃出了迷宫远走高飞。获得自由的小伊卡鲁斯真是太高兴啦，他时而低飞，时而高翔，最后飞得太高，离太阳太近了，灼热的阳光熔化了他双翼上的蜜蜡。就这样，丢失了翅膀的小伊卡鲁斯坠入大海，悲惨地死去了。把第1566号小行星命名为伊卡鲁斯的原因，就是它在当时所知的小行星中，可以跑到离太阳最近的地方——甚至比水星离太阳还近。

这么多小行星究竟是哪里来的？为什么大多数小行星绕太阳公转的轨道如此相近？会不会那儿本来有一颗比较大的行星，它突然爆炸了，炸裂的每个碎块都变成了一颗小行星？这种想法，是发现第 2 号小行星的德国医生奥伯斯首先提出的。他在 1804 年宣称，应该有许多小行星的运动轨道相交在原先那颗行星发生爆炸的地方。为了证实自己的想法，奥伯斯每个夜晚都把天文望远镜对准天空中他推测的那个“爆炸区”，守株待兔似的观测了一个晚上又一个晚上。三年过去了，在经过了无数次的失望之后，他的辛劳得到了回报：1807 年，他终于发现了第 4 号小行星灶神星。

但是，有许许多多小行星并不经过奥伯斯推测的那个“爆炸区”。再说，原先那颗行星为什么会炸个粉身碎骨呢？人们找不到言之成理的原因。所以，这种“爆炸说”归根到底还是站不住脚。后来，有些天文学家又提出了“碰撞说”：在火星和木星之间，原先存在着几十个像谷神星或智神星那样大小的“中介天体”。

由于它们的运动轨道杂乱无章，于是就不断发生“交通事故”，而且碰撞产生的碎块还会进一步相撞，最后就形成了越来越多的小行星。最初发现的那几颗最大的小行星，则是经历了这些事故的幸存者。

还有一种“半成品说”，是从20世纪60年代开始逐渐发展起来的。我国已故天文学家戴文赛教授曾对这种学说做出过重要贡献。他的主要看法是：太阳系中的天体早先都由“太阳星云”收缩、凝聚而成；小行星的形成过程起初与其他行星并没有太大的差异——它们都是较大的“星子”（见《月亮是从哪里来的》），

或者说，仿佛是一些行星的“胎儿”；后来，有些行星“胎儿”继续聚集越来越多的物质，最后成长为行星；但是在火星和木星轨道之间的那些“胎儿”却夭折了。它们留了下来，未能继续成长为行星,却成了成千上万的小行星。所以，小行星其实只是太阳系中的一些“半成品”。

目前虽然赞成“半成品说”的天文学家比较多，但是要彻底揭开这个天文学之谜，却并不是三年两载就能奏效的呢。

冥王星的身世

1846 年，天文学家发现了太阳系中的第八颗行星——海王星。这颗遥远的行星与太阳的距离，差不多等于天王星、土星、地球和水星这 4 颗行星到太阳的距离之和。19 世纪后期，天文学家们开始思考：还有没有比海王星更遥远的行星呢？如果有的话，它又在哪里？

1905 年，美国天文学家洛厄尔（他曾因竭力宣扬火星“运河”而闻名，见《火星上有没有生命》）制订了详细的计划，在他的私人天文台与同事一起，用望远镜拍摄了大量的天空照片，努力搜寻那颗未露面的“海外行星”。但是，直到 1916 年他去世还是一无所获。

为了进行更详细的搜索，洛厄尔天文台特地制造了一架口径33厘米的新的折射望远镜，在 1929 年投入使用。年轻的美国天文学家汤博承担了这项任务。他用望远镜依次对一小块一小块天空照相，2 天或 4 天以后再重新拍摄一次。由于行星在运动，所以它们在两张照片上的位置多少会有些不同，但变化十分细微。这项任务非常艰巨，每张照片上都有几十万个甚至上百万个小光点，就连那些亮度必须增强 25 000 倍以后肉眼才能勉强看见的暗星都记录在照片上了。汤博从大量照片中挑出了大约 2 万名“嫌疑犯”，但事实上它们都不是正在寻找的新行星。

1930年3月13日，洛厄尔天文台郑重宣布：汤博找到了新行星！它在天空中的位置和洛厄尔生前推算的相差不到5°。许多人都想为新行星起名字，最后采纳了英国牛津一位11岁的女孩维尼夏·伯尼的建议：将它命名为“普路托”——古希腊神话中永远不见阳光的地狱之神，即冥王。这颗新行星离太阳十分遥远，处在寒冷与黑暗之中，用冥王的名字称呼它真是再恰当不过了。

此后，人们就把冥王星当作太阳系中的第九颗行星了。在太阳系这“九大行星”中，冥王星不但被发现得最晚，而且也是离太阳最远、在轨道上跑得最慢、绕太阳转一周的时间最长、从地球上看起来最暗、温度最低、个儿最小、质量最轻、它的卫星和它本身的大小最接近、人们对它也了解得最少的一颗行星。冥王星的

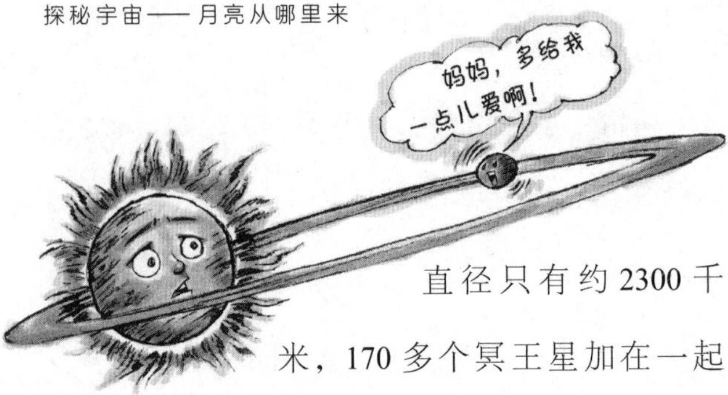

直径只有约 2300 千米，170 多个冥王星加在一起才和地球一般大。论“体重”，一个地球抵得上 500 个冥王星。冥王星离太阳极远，接收到的太阳光和热就特别少。它面向太阳的地方大约只有零下 220 摄氏度，背向太阳的半球约为零下 250 摄氏度。在这么低的温度下，除了氢和氦等极少数几种气体，其余气体都会凝结成液体或固体。它的表面很可能有一层甲烷冻结成的雾或冰。

冥王星到太阳的平均距离约 60 亿千米，约为地球到太阳距离的 40 倍。但是，它的公转轨道相当扁。当它最接近太阳的时候，甚至比海王星离太阳还近；离太阳最远时，却要比这远上 2/3。冥王星公转一周需要 248 年，它从被发现到现在，刚绕太阳转过了 1/3 圈多一点儿。

1978 年 7 月 7 日，国际天文学联合会正式宣布：美国天文学家克里斯蒂发现冥王星有一颗卫星——人们称它为“冥卫一”。冥卫一的直径是 1200 千米，质量约为冥王星的 1/10，它绕冥王星每转一圈要 6 天 9 小时 17 分钟，正好与冥王星的自转周期相同。这就使它成了一颗“同步卫星”：永远处在冥王星某一地点的上空，既不上升，也不下落。在整个太阳系中，像这样的天然同步卫星至今还没有发现第二颗。

冥王星还有一个有趣的特点。人们注意到，离太阳较近的水星、金星、地球和火星（它们统称为“类地行星”）体积都很小，物质密度却相当大；较远的木星、土星、天王星和海王星（它们统称为“类木行星”）体积都很大，物质密度却相当小；冥王星呢？它比海王星离太阳更远，个儿却最小，物质密度又介于类地行星和类木行星之间。这些古怪之处，使人们产生了疑问：冥王星究竟是不是一颗名副其实的行星？

早在1936年，英国天文学家里特顿就提出：冥王星原先可能是海王星的一颗卫星，它在环绕海王星运行的过程中，一度与海王星最大的卫星“海卫一”相当靠近。它们在万有引力的作用下改变了运动的状况。结果，冥王星脱离了海王星而成为第九颗行星；海卫一则因为受到反向的冲力，而成了一颗逆向运行的反常卫星——这一点正好与实际情况相符。但如果真是这样的话，冥王星的卫星又是从哪里来的呢？

1978 年，克里斯蒂发现冥卫一之后不久，他的两位同事很快就提出一种新颖的理论：过去有一颗质量比地球还大三四倍的未知行星途经海王星的卫星系统，它的引力造成了严重的“破坏作用”：冥王星因此而被甩了出来，同时它身上还被撕下一大块物质，这块物质后来就成了冥卫一。发生这场事故以后，原先那颗“闯了祸”的行星扬长而去，跑到离太阳很远很远的地方，人们再也看不到它了。

不过，冥王星的发现者汤博却不相信冥王星曾经是海王星的卫星。他在冥卫一被发现以后曾说：“冥王星有一颗卫星，使人更加相信它确实有作为一颗行星的权利。”2005 年 5 月，美国国家宇航局宣称通过哈勃空间望远镜又发现了冥王星的两颗新卫星：它们的直径分别仅为 32 千米和 70 千米，亮度只有冥王星的 1/5000，到冥王星的距离分别约为 44 000 千米和 53 000 千米，大致是冥卫一到冥王星距离的 2～3 倍。2006 年 6 月，国际天文学联合会用神话人物的名字分别将它们命名为“尼克斯”和“海德拉”，前者原为古希腊神话中的黑夜女神，后者则为古希腊神话中的多头水蛇怪。在汉语中，它们已分别被定名为“冥卫二”和“冥卫三”。

尽管发现两颗新的冥卫，对汤博的见解比较有利，但由于种种原因，冥王星还是在 2006 年被国际天文学联合会“开除”出了行星的行列，被正名为“矮行星”。

2011 年和 2012 年，又有两颗更小的冥卫被发现，即“冥卫四”和“冥卫五”。冥王星有这么多的卫星，实在是超出了人们的意料。

冥王星自从被发现以来，已经过去 90 多年了。人们对这个遥远的世界还是知道得太少，所以应该派遣宇宙飞船，去对它进行近距离的考察。2006 年 1 月 19 日，美国国家宇航局成功地发射了“新视野号”冥王星探测器，其尺寸有如一架大钢琴，重约 454 千克。它于 2015 年 7 月 14 日飞越冥王星，传回了冥王星及其卫星的大量图片和数据。

由于冥王星距离太阳太远，“新视野号”将无法获得足够的太阳能，因而只能依靠其携带的 10.9 千克钚丸的放射性衰变提供动力。“新视野号”的飞行速度很快，所携带的燃料又不足以使其减速到能够进入环绕冥王星运行的轨道，因此它同冥王星及冥卫“亲密接触”后将继续前行，深入柯伊伯带并考察其中的其他天体（见《给矮行星点名》），一去而不复返。

给矮行星点名

1930 年发现冥王星后，人们就把它当作太阳系的第九颗行星了。从那时以来，人们搜寻太阳系“第十颗行星”的热情就从未衰退过。

在海王星的公转轨道以外，冥王星倒并不孤独。那里的“柯伊伯带”是短周期彗星——周期短于 200 年的彗星——的聚居地。柯伊伯带中还有许多由岩石、水冰、干冰（冻结的二氧化碳）、冻结的甲烷等化合物构成的天体，它们统称为“柯伊伯带天体”。

柯伊伯带原是美国天文学家柯伊伯在1951年为解释海王星轨道的变化而提出的一种假说。在20世纪90年代以前，它只是一种理论上的推测。1992年8月，天文学家才在与太阳相距40多天文单位的地方发现了第一个柯伊伯带天体——小行星1992QB1。

2002年10月，美国天文学家迈克尔·布朗等又在柯伊伯带中发现一个直径约1300千米的新天体，它是自发现冥王星以来到那时为止，在太阳系中新发现的最大天体。这个天体被命名为“夸奥尔”——加利福尼亚州南部一个美洲土著部落“通瓦”人的创造之神。它距离太阳64亿千米，即约43天文单位，每288年绕太阳公转一周。太阳发出的光，要在太空中旅行5小时才能照射到夸奥尔身上。

2004年3月15日，布朗又有了更新的发现:

小行星 2003VB12 正处在距离地球约 129 亿千米的地方，是目前所知最远的太阳系天体。它被命名为“赛德娜”——因纽特人传说中的海神。赛德娜的直径约 1770 千米，超过了夸奥尔，为冥王星直径的 3/4。它由岩石和冰块组成，其表面温度估计不高于零下 240 摄氏度，是太阳系中已知最冷的星球。赛德娜沿一条非常扁长的椭圆轨道环绕太阳运行，每转一圈约需 11 000 年。其公转轨道的远日点距离太阳约 1300 亿千米，目前它在轨道上的近日点附近，未来几十年将是从地球上观测它的好时机。

到 2005 年年底，人们发现的柯伊伯带天体已经近千个；其中直径上千千米的有 10 来个，约占总数的 1%。据信，直径超过 50 千米的或许会有 7 万颗，直径 1～10 千米的可能多达 10 亿，它们的总质量可能达到地球质量的 10%～30%。但是也不能完全排除存在大小同火星或地球相仿的柯伊伯带天体。

较大的柯伊伯带天体，例如有直径 1500 千米的奥库斯、直径 1600 千米的 2004DW、直径约 1700 千米的 2003EL61 等，但它们的大小仍未超过冥王星。

2005 年 7 月 29 日，前面提到的那位布朗教授又宣布，他们发现的柯伊伯带天体 2003UB313 个头儿比冥王星更大！这个天体的公转轨道是一个长长的椭圆，近日距约 35 天

文单位，即约 53 亿千米。目前它与太阳相距约 97 天文单位，即约 145 亿千米。布朗认为，2003UB313 正是太阳系的第十颗行星！

可是，究竟什么是“行星”呢？这有点儿像问：究竟什么是一个“大陆”呢？格陵兰或者马达加斯加是一个“大陆”吗？人们回答：“不，它们只是一些大的岛屿。”那么，澳大利亚呢？通常的回答是：“是的，它是一个大陆。”不过，也有人认为，澳大利亚只是一个比格陵兰更大的岛屿而已。大陆和岛屿的分界线究竟何在？还真不太好说呢。

要把行星和小行星断然分开也不好办。曾有人设想，不妨把 2000 千米作为行星直径的底线。这样，冥王星就依然是一颗行星，2003UB313也可以跻身行星之列，而夸奥尔、赛德娜等则和谷神星一样，只能算作小行星。可是，倘若人们发现一个直径1990千米甚至1999千米的天体正在环绕太阳转动，那么它还是只能算作小行星吗？

2006年8月，国际天文学联合会终于为“怎样给大行星下确切的定义”做出了决议：行星必须有足够大的质量，因而其自身的引力足以使它的形状接近于圆球，它必须环绕自己所属的恒星运行，并且清空了其轨道附近的区域（这意味着同一轨道附近只能有一颗行星）。早先知道的8颗行星都满足这些条件。但是，冥王星、2003UB313虽然接近圆球形，并且环绕太阳运行，却未能“清空其轨道附近的区域”：它们身处柯伊伯带中，那里同类的天体还多着呢！

为此，国际天文学联合会新设了“矮行星”这一分类，它和“行星”的区别，就在于是否已经“清空其轨道附近的区域”：“已清空”的是行星，“未清空”的则是“矮行星”。除冥王星和2003UB313以外，最大的小行星谷神星也被归入这一类。至于连矮行星都算不上的其他天体，则可以归入“太阳系小天体”这一类。行星、矮行星、太阳系小天体是三个大类，大类中还可以有不同的次类，例如太阳系小天体中就包含了彗星、大多数小行星以及柯伊伯带中的许多天体。

2006年9月13日，国际天文学联合会将2003UB313正式命名为“厄

里斯”——希腊神话中纷争女神的名字。厄里斯因未被邀请参加一次盛大的婚礼，就暗中向客人们扔下一个金苹果，上面写着“送给最美丽的女神”。天后赫拉、智慧女神雅典娜和爱神阿芙洛狄忒（即罗马神话中的维纳斯）都认为自己最美,就邀请特洛伊王子帕里斯来裁判。阿芙洛狄忒向帕里斯许诺，要让世上最美丽的女人成为他的妻子。帕里斯被这一诺言诱惑，就把金苹果判给了阿芙洛狄忒。后来，这位爱神帮助帕里斯拐走了斯巴达国王的妻子——美女海伦，引起希腊诸王对特洛伊的远征。因此，追根溯源，是纷争女神厄里斯的金苹果导致了特洛伊战争的爆发。

2007 年 6 月 16 日，矮行星厄里斯有了正式的汉语名：阋神星。“阋”的意思是“争吵，争斗”，在中国古代最早的诗集《诗经》中有一首诗叫《常棣》，诗中有一句“兄弟阋于墙”，就是“兄弟相争于内”的意思。

国际天文学联合会明确认定的矮行星，除了冥王星、谷神星和阋神星，后来又增添了鸟神星和妊神星。今天我们给矮行星点名时，只有它们5个可以回答“到”。但是，等待正式批准加入这份名单的，还有不少候选者呢。

彗星留下的问号

人类很早就发现，年复一年，满天的恒星在天穹上的相对位置似乎总是不变的。古人也掌握了月亮、太阳和行星在群星间的运行规律，因而能相当准确地预见它们在未来某个时刻将出现在天穹上的什么地方。

然而，天空中偶尔还会出现一种奇怪的星。它们不像恒星那样呈现为一个光点，也不像太阳和月亮那样呈现出一个明亮的圆面。它们像一块雾状的光斑，没有明显的轮廓，往往还拖着一条长长的尾巴。

古希腊人觉得这种尾巴像头发，所以称它们为“带发的星”。我们的祖先觉得它们像扫帚，因此称其为“彗星”。“彗”的意思就是“扫帚”，因而民间又直呼彗星为“扫帚星”。

彗星外观奇特，古代天文学家又不了解它们出没的时间和规律，这就使许多人对它们心生恐惧。人们猜想，彗星或许预示着灾难将临：战争、饥饿、瘟疫或是大人物去世等。例如，公元 1066 年有一颗大彗星出现在天空中，就在那一年，诺曼底的威廉公爵率军入侵并战胜了英格兰。其实地球上年年都有灾难，因此不论彗星在何时出现，总会与某一次灾难的时间相近。实际上，彗星只是一种普通的天体，它不会对地球上的政局、人事产生任何影响。人们明白了彗星的真相，就不会再因彗星的出现而担惊受怕了。

我国古籍《晋书·天文志》中早就有这样的记载：彗星本无光，接近太阳时因反射日光而发亮，所以晚上见到的彗星尾向东指，凌晨见到的彗星却尾向西指。这样的见解远远胜过了同时代的欧洲人。

公元前350年左右，古希腊思想家亚里士多德曾猜测，彗星是一团燃烧的空气。它在空中慢慢地移动，直到烧完了，彗星也就消失了。这种观点在欧洲沿袭了1900多年。1577年，丹麦天文学家第谷尝试测定了一颗彗星与地球的距离，断定此彗星与地球的距离至少4倍于地球到月球的距离，从而推翻了亚里士多德的论断。

1609年，第谷的学生——德国天文学家开普勒阐明了行星的公转轨道都是椭圆形的，太阳则在这些椭圆的一个公共焦点上。因此，行星与太阳之间的距离总在不断变化。例如，地球的远日距要比近日距远3%。然而，彗星的运行轨道看来却与行星的大不相同，甚至连开普勒都误认为它们是沿直线行进的。

1682年，天空中出现了一颗大彗星。英国天文学家哈雷仔细观测和研究了它的运行。他在1705年发现，这颗彗星的运行状况和1531年、1607年先后出现的彗星几乎完全相同，它们彼此的时间间隔是七十五六年。哈雷据此大胆地推测它们实际上就是同一颗彗星，并预言它将在1758年再度回归。果然，这颗彗星在1758年如期归来，它的运行轨道和出现的时间都和哈雷的预言相符，于是后人便将它称为“哈雷彗星”。1066年诺曼底人入侵英格兰时出现的也正是哈雷彗星。

哈雷的发现表明，至少有一些彗星如同行星那样，也是太阳系的成员。只是它们的椭圆轨道极其扁长——长得像一支雪茄烟，或像一根筷子，或者比筷子更加细长。哈雷彗星离太阳最近的时候，比水星离太阳更近，离太阳最远时却比土星离太阳更远。还有大量彗星可以跑到比哈雷彗星远得多的地方。但是，只要有足够多的观测资料，天文学家照样能准确地计算出它们的运行轨道。

沿椭圆轨道运行的都是“周期彗星”。绕太阳转一周所需要的时间不超过200年的叫“短周期彗星”，例如哈雷彗星；周期超过200年的则称为“长周期彗星”，它们可以到达离太阳极远的地方。有些彗星绕太阳运行的轨道是抛物线或双曲线，因为这两类曲线都不是封闭的，所以沿抛物线和双曲线轨道运行的彗星，远离太阳后便不再回来了。

彗星通常由明亮的“彗头”和长长的“彗尾”组成。彗头中央是直径仅几百米到几十千米的固态核心，称为“彗核”，其外围是一个庞大的气体壳层，称为“彗发”。彗星离太阳越近时，彗发的体积就越大，直径可达几万到几十万千米，有的甚至大过太阳。彗尾充分发展时，比彗发还要大得多，长的甚至可达数亿千米。1910年哈雷彗星回归时，其彗尾长逾2

亿千米，越过大半个天空，像银河那样宽阔明亮。但是1986年它再次回归时，由于在地球上的观测条件甚为不利，故景象大不如前。不过，专程前往考察的几艘宇宙飞船还是获得了空前丰富的观测资料。

固态的彗核呈冰冻状态，宛如一个混入许多杂质的“脏雪球”，其平均密度和冰差不多，约为每立方厘米1克。彗核集中了彗星的绝大部分物质。1986年宇宙飞船对哈雷彗星的考察表明，它的彗核像个马铃薯，长轴约15千米，短轴约8千米，大部分表面覆盖着一薄层黑色尘埃和砾石物质。彗核上地形不平，分布着山脊、山脉和环形山。彗核朝太阳方向射出包含大量气体和尘埃的喷流，射程可达数千千米。通过光谱研究，天文学家获悉哈雷彗星的主要化学成分是碳、氢、氧、氮等元素，这与人们早先对彗星化学成分的认识基本相同。

彗发和彗尾中的气体极其稀薄。彗发中的物质密度约为每立方厘米 10^{-18} 克到 10^{-16} 克。离彗核越远，物质密度也越小。彗尾末端的物质密度，大约只有彗发密度的万分之一，即约每立方厘米 10^{-22} 克。这比 1000 千米高空的地球边缘大气还要稀薄几万倍。人们可以透过彗尾清晰地看到天空背景上的恒星。所以，天文学家常把彗星比喻为“看得见的真空”。正因为如此，哈雷彗星于 1910 年回归时，虽然其巨大的彗尾扫过了地球，但是除天文学家外，一般人却毫不知晓。

彗星和其他天体一样，也在不断地演化。短周期彗星频繁地回归，每次接近太阳都因受热蒸发而损失一些气体，久而久之就会彻底瓦解。例如，著名的比拉彗星是一颗短周期彗星，绕太阳运行的周期仅约6.6年。1872年11月27日夜晚，本该比拉彗星再度出现的时候，天空中却出现了一场宛如节日焰火的“流星雨”，几小时内流星的数目超过了10万颗。这是因为比拉彗星崩溃了，大量碎屑闯入地球大气层，与大气摩擦，燃烧起来。也有的彗星因与其他天体相撞而毁灭。著名的苏梅克—利维9号彗星，就是在1994年7月与木星遭遇而撞得粉身碎骨的。

关于彗星，还有一个很大的问号：它们究竟是从哪里来的?

天文学家对此有着不同的回答。例如，荷兰天文学家奥尔特分析了好几十颗长周期彗星的轨道后，于1950年提出一种假说：在离太阳约10万天文单位的太阳系边缘地区，有一个大致均匀的巨大球层，那里仿佛是一座彗星的“仓库”，存在着大量的原始彗星。人们把这个仓库叫作“奥尔特云”，其中的彗星也许多达几千亿颗。

奥尔特云与太阳的距离约为10万天文单位，这相当于太阳与它的恒星近邻——半人马座比邻星——的距离的40%。在那里，太阳的引力已经相当微弱，其他恒星对彗星的引力干扰——天文学上称为“摄动”，很容易使一些彗星的轨道发生变化，使它们或是一头扎进太阳系的内层，或是远走高飞永远离开太阳系。

问题是，“仓库”中的彗星又从何而来呢？

许多天文学家认为，奥尔特云中的彗星是太阳系形成之初残存下来的原始物质。它们保留着太阳系刚诞生时的面貌，可以说仿佛是太阳系的“活化石”。天文学家通过研究彗星，可以更好地了解太阳系的历史。另一些天文学家则认为，彗星原本可能并不属于太阳系，而是在星际空间游荡，直到闯进受太阳引力控制的范围，才被“俘获”而成为太阳系的成员。也许，有一部分彗星确实是从外面进入太阳系的。太阳不停地在银河系中运行，完全有可能把彗星似的物质吸引到自己的周围，进入奥尔特云。

不过，还有一个问题。奥尔特云是球状的，彗星可以从空间的任何方向以任何角度进入太阳系。因而，它们绕太阳转动的方向既可以是顺行的（即与行星公转的方向相同），也可以是逆行的（与行星公转的方向相反）。但是，短周期彗星却大多是顺行的；而且总的说来，它们的轨道平面与黄道面的倾角也不太大。这就说明，它们似乎并非奥尔特云的来客。

为此，美国天文学家柯伊伯提出，太阳系

内还有一个短周期彗星的“仓库”，即前面已多次提到的“柯伊伯带”。它呈环带状，位于海王星轨道以外不远的地方。由于受木星、土星、天王星、海王星的引力影响，也许还有另一些尚不清楚的原因，柯伊伯带中的彗星便陆陆续续进入了太阳系内层。按照这一理论，短周期彗星都是从柯伊伯带来的，只有长周期彗星才来自遥远的奥尔特云。

人们已经知道彗星的许多情况，却对它们的来历并不很清楚。究竟何时才能丢掉彗星留下的这个大问号，则是对未来天文学家的又一场考验。